達克比辦案 ④

尋找海洋怪聲

用聲音幫助捕食的動物

文 胡妙芬　圖 彭永成

親子天下

課本像漫畫書 童年夢想實現了

臺灣大學昆蟲系名譽教授、蜻蜓石有機生態農場場長 **石正人**

讀漫畫，看卡通，一直是小朋友的最愛。回想小學時，放學回家的路上，最期待的是經過出租漫畫店，大家湊點錢，好幾個同學擠在一起，爭看《諸葛四郎大戰魔鬼黨》，書中的四郎與真平，成了我心目中的英雄人物。我常看到忘記回家，還勞動學校老師出來趕人，當時心中嘀咕著：「如果課本像漫畫書，不知有多好！」

拿到《達克比辦案》書稿，看著看著，竟然就翻到最後一頁，欲罷不能。這是一本將知識融入漫畫的書，非常吸引人。作者以動物警察達克比為主角，合理的帶讀者深入動物世界，調查各種動物的行為和生態，透過漫畫呈現很多深奧的知識，例如擬態、偽裝、共生、演化等，躍然紙上非常有趣。書中不時穿插「小檔案」和「辦案筆記」等，讓人覺得像是在看CSI影片一樣的精采；許多生命科學的知識，也在不知不覺進入到讀者的腦海中。

真是為現代的學生感到高興，有這麼精采的科學漫畫讀本，也期待動物警察達克比，繼續帶領大家深入生物世界，發掘更多、更新鮮的知識。我相信，有一天達克比在小孩的心目中，會像是我小時候心目中的四郎和真平一般。

我幼年期待的夢想：「如果課本像漫畫書」，真的是實現了！

從故事中學習科學研究的方法與態度

臺灣大學森林環境暨資源學系教授與國際長 **袁孝維**

《達克比辦案》系列漫畫趣味橫生，將課堂裡的生物知識轉換成幽默風趣的故事。主角是一隻可以上天下海、縮小變身的動物警察達克比，他以專業辦案手法，加上偶然出錯的小插曲，將不同的動物行為及生態知識，用各個事件發生的方式一一呈現。案件裡的關鍵人物陸續出場，各個角色之間互動對話，達克比抽絲剝繭，理出頭緒，還認真的寫了學習單和「我的辦案心得筆記」。書裡傳達的不僅是知識，而是藉由說故事的過程，教導小朋友如何擬定假說、邏輯思考、比對驗證等科學研究方法與態度。不得不佩服作者由故事發想、構思、布局，再藉由繪者妙手生動呈現的高超境界了。

作者是我臺大動物所的學妹胡妙芬，有豐厚的專業背景，因此這一系列的科普漫畫書，添加趣味性與擬人化，讓小朋友在開心快樂的閱讀氛圍裡，獲得正確的科學知識；在大笑之餘，也有滿滿的收穫。

趣味故事情節　激發知識學習力

前國立海洋生物博物館館長 **王維賢**

　　我們居住的地球上住著各式各樣的生物，從昆蟲世界到大型哺乳動物；從陸生生物到海底世界生物，從飛翔空中到悠游大海。他們各有各的居住環境，也各自擁有不同的生存法寶。他們的世界多采多姿，超乎想像，他們的行為有時更是令人瞠目結舌，不可思議。

　　這些現象或行為經過生物學家努力探究之後，都逐一揭開神祕面紗，並將研究成果發表在學術刊物或轉化成為教科書上的內容，當然這些發現也是很好的科普教育題材，尤其是在強調環境生態教育的今天，更顯重要。如能將科普題材以淺顯易懂的方式呈現，在寓教於樂的氛圍設計下進行學習，將會有事半功倍的效果。

　　本書即是希望讀者透過輕鬆的漫畫閱讀，在擬人化的詼諧對話中進行知識的獲取。

　　故事中的主角達克比是一隻鴨嘴獸，他經由抽絲剝繭的辦案方式來引導大家一步一步的去了解嫌疑犯的行為，中間穿插一些生物或生態習性的介紹，最後並進行有罪無罪判決，希望大家在看完故事之後都能留下深刻印象，並因此了解書中生物的相關知識。

　　本書擬人化的創作方式，以建構的趣味性來帶動故事情節，建議讀者們以輕鬆的心情閱讀此書，必能有很好的收穫。

一旦開始看，就停不下來

金鼎獎科普作家 **張東君**

　　鴨嘴獸達克比是一個動物警察，愛心和正義感很強大，為了打擊犯罪上山下海，除了警用背包和警棍之外還配備著生物縮小糖，在接獲民眾報案後，確實調查、追蹤，並在解決問題之後填寫詳盡的調查報告。

　　達克比辦過的案子越來越多，這次達克比發現了幾種用聲音捕捉獵物的動物們，其中一個案子，是海裡的小魚在一次的聚會中，群體離奇消失，達克比經過調查，發現海豚可以發出高頻率的超音波，破壞小魚的平衡器官，或讓躲在沙裡的鰻魚跳出來，再進一步捕食；大翅鯨居然可以製造泡泡網，把小魚包圍起來，然後發出像火箭發射一樣的噪音，一起張嘴大吃特吃。像這樣，書中都是以這種方式帶出動物的生活與行為，既有趣又非常引人入勝。只要看一篇，就停不下來。作者叫妙妙，寫的故事也實在真是妙啊！

目錄

鴨嘴獸「達克比」是一個動物警察，
駐守在河邊的小木屋派出所。

達克比的任務裝備

達克比，游河裡，上山下海，哪兒都去；
有愛心，守正義，打擊犯罪，他跑第一。

猜猜看，他會遇到什麼有趣的動物案件呢？

微笑警徽
希望天下太平、世界大同。

嘴
扁嘴巴，沒有牙，
最恨被看做鴨子嘴。

潛水鏡
為了耍帥，隨時戴著。

紅領巾
熱愛紅色，
代表滿腔的熱血。

警用背包
裡面什麼都有，
出門辦案時還能順
便帶乖乖和點心。

生物縮小糖
最新科技，
吃一顆，
身體就能縮小。

霹靂腰帶
水桶腰，繫起來
勉勉強強。

尾巴
又寬又扁，
適合在水中快速游泳。

警棍
用來打擊犯罪，
偶爾也拿來打打棒球。

皮毛
毛皮厚，可防水，
游泳時就像穿著潛水裝。

阿瓜，是達克比從小一起長大的朋友……

每次，達克比闖了禍……

喂！

那是你媽的口紅！咕嚕嚕嚕……

善良又老實的阿瓜，總是陪著達克比一起被罵……

咕嚕嚕。輕一點……

捏！

痛

痛

痛。

好久不見

好懷念……

咕嚕嚕……

咕嚕嚕……

！

爬

爬

我來了，
你別跑。

等……
等一下！

又被躲掉……
可惡！

啊！這……
這……

阿瓜的家
怎麼……?！

咕嚕嚕……咕嚕嚕……

耶？

你看吧，就跟你說不是我。

怎麼會……

可是剛才，明明是你的聲音……

因為有人模仿我。

拍

怎麼可能那麼像？

咕嚕嚕……

不用懷疑。我快被那傢伙煩死了～

就是樹上那一位……

咕嚕嚕……
咕嚕嚕……

棕背伯勞。

棕背伯勞小檔案

（單位：公分）

姓 名	棕背伯勞
綽 號	屠夫鳥
分 布	中亞、南亞到東亞的低海拔地區，包括台灣。
特 徵	頭部灰色、背部紅棕色。和另外許多種伯勞鳥一樣，眼睛周圍就像戴著黑色眼罩。伯勞是凶猛的掠食性鳥類，具有尖銳的彎鉤狀嘴巴，喜歡站在樹梢上捕捉昆蟲、蜥蜴、青蛙、鼠類或小鳥。
犯罪嫌疑	故意模仿鴿子的叫聲、把小動物屍體叉掛在樹枝上。

屠夫鳥的肉乾儲藏室

　　許多動物會把食物藏起來，不讓別人發現。可是，別名「屠夫鳥」的伯勞卻剛好相反。牠們喜歡把抓到的青蛙、蜥蜴、鳥、昆蟲或老鼠，明目張膽的「叉掛」在鐵絲或樹幹的尖刺上。這番景象在我們人類看來，有點像恐怖片的場景；但是對於伯勞來說，卻是好處不少。

方便撕肉

猛禽常把獵物踩在腳下，幫助嘴巴撕肉。但是伯勞的爪不像猛禽這麼有力，所以用尖刺代替腳爪固定小動物，撕肉照樣很方便。

我很聰明吧？

咏

咏

保存食物

伯勞把吃不完的食物掛在固定的高處，可以花一、兩天慢慢享用，也不用擔心被地面上的其他動物偷走、吃掉。

可惡！太高了，偷不到。

哼！

宣告領域

伯勞把食物掛在顯眼的地方，具有宣告領域的作用。所以，等食物變硬、咬不動時，伯勞還會用新鮮的屍體替換。

本鳥地盤，請勿靠近

所以他學你咕嚕嚕叫，是為了吃掉你？

沒錯。不過我可沒那麼笨……

我輕易破解他的騙局。因為……

?

呱
呱　呱

耶？

喵嗚～
喵嗚～　喵嗚～

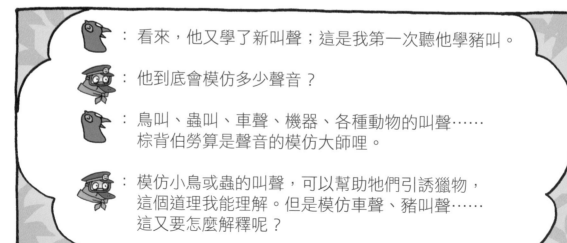

: 看來，他又學了新叫聲；這是我第一次聽他學豬叫。

: 他到底會模仿多少聲音？

: 鳥叫、蟲叫、車聲、機器、各種動物的叫聲……
棕背伯勞算是聲音的模仿大師哩。

: 模仿小鳥或蟲的叫聲，可以幫助他們引誘獵物，
這個道理我能理解。但是模仿車聲、豬叫聲……
這又要怎麼解釋呢？

或許是練習，或許是好玩。沒人知道為什麼。

硄硄硄

嘎嘎

啾啾

亂叫一通！這附近的居民受得了嗎？

喵 喵 喵

習慣了。也不能怪他⋯⋯

每種動物都有獨特的生存技巧。他這樣叫，不過是為了求生存⋯⋯

善良的阿瓜，果然沒變⋯⋯

我的辦案心得筆記

報案人：我——帥達克比

報案原因：追蹤阿瓜的叫聲，竟發現他的家裡
掛滿小動物的屍體

調查結果：

1. 在樹枝上叉掛屍體的不是鴿子，而是伯勞鳥。

2. 伯勞鳥把小動物的屍體叉掛在尖刺上，一來可以
   儲存食物，二來又能警告同類不要侵犯地盤。

3. 棕背伯勞善於模仿鳥類的叫聲。其中一個目的，
   是用叫聲引來小鳥的同類，再加以捕食。

4. 建議鴿子學棕背伯勞的叫聲嚇回去，可惜鴿子
   只會「咕嚕嚕」叫。

調查心得：

老朋友好，新朋友妙，
大千世界多熱鬧。

叉尾卷尾也用這一招
模仿叫聲＋「偷」食物

　　幾乎有五分之一的鳥類，會模仿其他鳥類或周圍環境的聲音。牠們如何獲得模仿能力？模仿的目的又是什麼？科學家的了解並不多。不過，科學家已經確實的觀察到，叉尾卷尾用模仿叫聲來「偷食物」的行為。

　　他們發現叉尾卷尾能模仿五十幾種鳥類和哺乳類遇到敵害時發出的「示警叫聲」，藉此嚇跑小動物，再不勞而獲的偷走、吃掉牠們慌忙逃走時遺留的食物。

@＃＄％，＊＃＄＠！

叉尾卷尾

@＃＄％，＊＃＄＠！
（天上有鷹，大家快躲起來！）

狐獴

嚇！

平時，叉尾卷尾先把狐獴發現鷹時發出的「示警叫聲」學起來。

天上有鷹，
快躲起來！

之後，當狐獴叼著食物經過時，叉尾卷尾就故意發出「示警叫聲」，讓狐獴以為有鷹出現。

@＃＄％，

＊＃＄＠！

等狐獴丟下食物，慌亂的躲回洞裡……

哈哈，
被騙啦。

叉尾卷尾就能趁機偷走地上的食物。

叫幾聲，就有
現成的食物吃。
真輕鬆！

金乘五的
祕密

嗯？

森林日報

暗夜森林鬧鬼
蝙蝠離奇撞牆

近日以來，森林東路連續發生幾起交通事故；目擊者紛紛表示，看到許多蝙蝠莫名其妙的自己撞樹幹，就像撞邪一樣。他們……

這哪是鬧鬼？記者不懂又亂寫！

這篇報導引起恐慌，許多人根本不敢晚上出門……

所以我來醫院調查真相，希望醫生您能幫忙。

喏～他們全在這兒。
問問他們,你就知道
真相是什麼了。

......

我們沒撞邪!
根本是那家整型
診所搞的鬼!

診所?
你們都去過
同一家嗎?

一點也沒錯!
他們到處散發
傳單,鼓吹附近
的蝙蝠去整型
......

大優惠!
大優惠!

哇～
金乘五！

你想擁有明星臉嗎？
蝙蝠世界的SUPER STAR!

長得像金乘五，再也
不是夢。診所開幕
大放送，整型前
五十名半價，
快來報名！

我想長得跟
金乘五一樣！

我跟你
一起去！

我也要～

金乘五整型診所

明星臉，
我來囉！

裡面的醫生很奇怪，一直嫌我們醜⋯⋯

oh no~

鼻子醜得像豬一樣！切掉，換這個⋯⋯

耳朵太大真醜，剪小一點！

皺紋那麼多，醜死了。

試試肉毒桿菌⋯⋯

有我們在，包你們帥到爆～

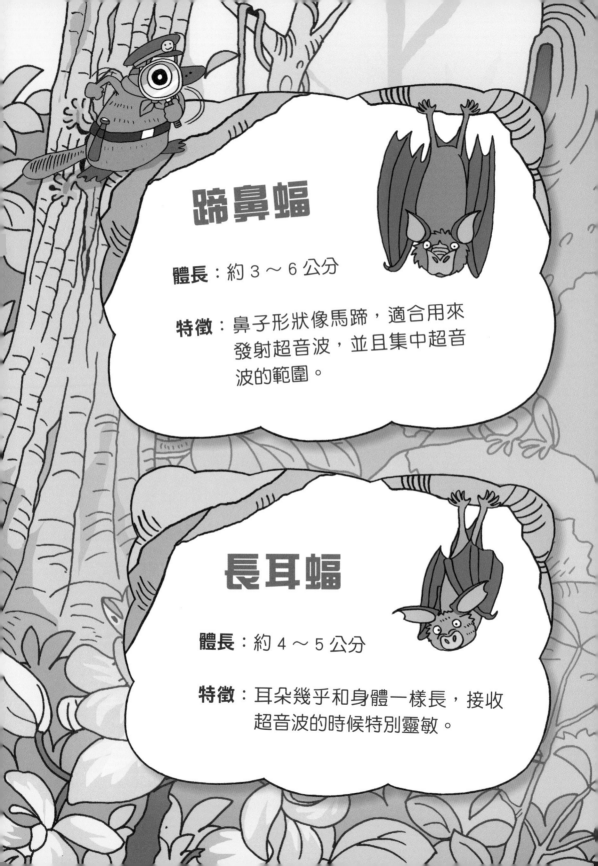

蹄鼻蝠

體長：約 3 ～ 6 公分

特徵：鼻子形狀像馬蹄，適合用來
發射超音波，並且集中超音
波的範圍。

長耳蝠

體長：約 4 ～ 5 公分

特徵：耳朵幾乎和身體一樣長，接收
超音波的時候特別靈敏。

皺臉蝠

體長：約 5 ～ 7 公分

特徵：只分布在中南美洲。臉上布滿皺紋，能利用皺紋來控制超音波的範圍與方向。

結果，我們整型成金乘五之後，怪事就一件一件發生……

平常抓得到的昆蟲，都抓不到了……

YA!

YA!

飛行時還到處撞牆，真丟臉！

咚！

痛！

可是，這和整型有關係嗎？會不會是誤會？

不是誤會。是那些整型醫生的錯！

：在黑暗的夜晚中，眼睛派不上用場。大部分的蝙蝠是用「回音」來「定位」障礙物和獵物的位置的，稱做「回音定位」。

：回音定位我知道。和人類潛水艇的「聲納」系統非常類似。

：這幾個醫生，不可能不知道鼻子、耳朵和臉上的皺紋，就是蝙蝠回音定位的重要工具！竟然隨便幫病人改掉它們，難怪病人整型後會四處撞牆、抓不到蟲吃！

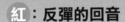

紅：反彈的回音

蝙蝠從喉嚨發出超音波，再從鼻子或嘴巴發射出去。當超音波撞到獵物或障礙物時，就會反彈回到蝙蝠的耳朵，讓蝙蝠知道物體的方向、距離和大小。

黃：超音波

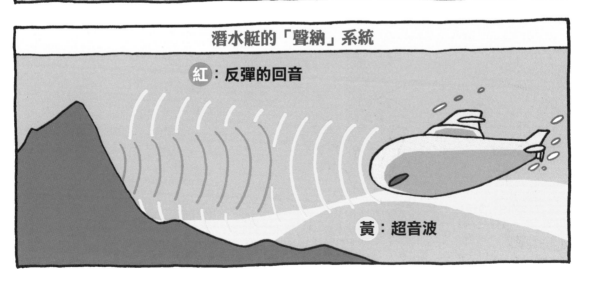

潛水艇的「聲納」系統

紅：反彈的回音

黃：超音波

蝙蝠很醜嗎？

　　不少人覺得，蝙蝠長得實在不好看，五官糾結，臉部皺巴巴的。

　　蝙蝠能快速收縮喉部的肌肉產生超音波，經由嘴巴或鼻子發射出去，進行回音定位。其實，牠們那怪怪的鼻子、皺皺的臉非常重要，那能幫助蝙蝠在黑暗的夜空中，展現靈活又帥氣的捕蟲特技。

　　如果少了這些醜醜皺皺的裝備，蝙蝠沒辦法判別位置，牠們的飛行就帥不起來了。

醜鼻子：

鼻子的突起圍起來像傳聲筒一樣，
能使超音波發射出去更集中，
不易受到其他聲音的干擾。

蹄鼻蝠

多虧我的鼻子。
想干擾我？
沒那麼簡單！

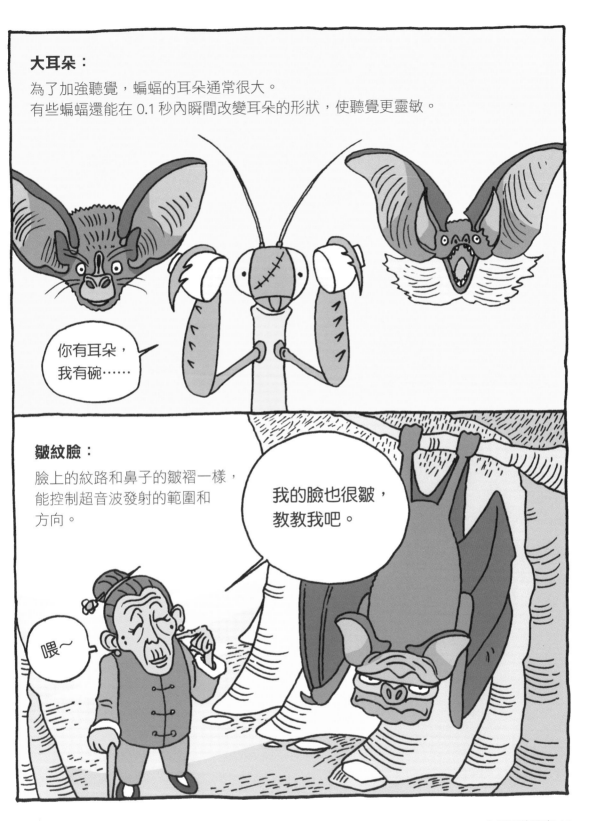

大耳朵：

為了加強聽覺，蝙蝠的耳朵通常很大。
有些蝙蝠還能在 0.1 秒內瞬間改變耳朵的形狀，使聽覺更靈敏。

你有耳朵，
我有碗⋯⋯

皺紋臉：

臉上的紋路和鼻子的皺褶一樣，
能控制超音波發射的範圍和
方向。

我的臉也很皺，
教教我吧。

喂～

那些醫生為了賺錢，不顧病人的安危，一點醫德都沒有！

痛！

就是說嘛！

敲

嗚啊……

……

對不起……

 ：我還是有疑問──他們的鼻子、耳朵被整型成金乘五的帥樣……可是金乘五也是蝙蝠，難道他就不需要回音定位嗎？

 ：金乘五是狐蝠！狐蝠是吃水果的蝙蝠，根本不用發出超音波來抓蟲吃！

狐蝠和吃蟲的蝙蝠不一樣

大約 70 % 的蝙蝠種類以昆蟲維生。
以果實為食的狐蝠和牠們很不一樣。

狐 蝠	V.S	吃蟲的蝙蝠
大	體 型	小
夜行性	活動時間	夜行性
果實、花粉、花蜜	主要食物	昆蟲
勝 佳，眼睛大	視 力	差，眼睛小
無	用回音定位覓食	有 勝

：你們三個，把醫生執照拿出來！既然是醫生，為什麼改穿軍服？你們到底是做什麼的？

：我們不是醫生，也沒有醫生執照……

：沒有醫生執照，還敢幫蝙蝠整型？你們是非法營業，地下密醫！

：密醫？哈哈哈哈。既然警察都找上門了，我們也不想再隱瞞身分……我們是專門對抗蝙蝠的——昆蟲反抗軍！

：蝙蝠利用超音波，在黑夜中捕捉大量昆蟲。為了解救昆蟲同胞，我們假裝成整型醫師，故意破壞他們的鼻子、耳朵和臉上的皺紋，讓他們抓不到半隻昆蟲！

蝙蝠用耳朵「看」

　　你聽過蝙蝠的叫聲嗎？蝙蝠在山洞裡和同類溝通的叫聲，人類是聽得見的。只有在飛行或覓食時，才使用超音波。

　　人的耳朵只能聽到頻率 20 千赫（kHz）以內的聲音，蝙蝠的聲音比這個頻率高，所以屬於超音波。

　　超音波並不是固定不變的，蝙蝠會依需要發出不同頻率的超音波，而且不同種類的蝙蝠，發出超音波的範圍也不一樣。

嘻，我聽得見。
這不是超音波。

吱，馬麻
我愛你。

蝙蝠搜尋獵物時，超音波的頻率較低。
一旦發現獵物，就會提高頻率，才能更精確的掌握獵物的動態。

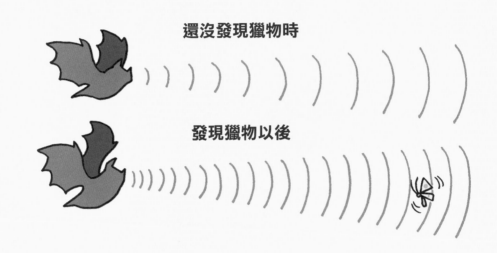

還沒發現獵物時

發現獵物以後

用嘴發射超音波的蝙蝠，超音波範圍較廣。
用鼻子發射的蝙蝠，範圍則比較窄，但是能像探照燈一樣到處掃射，
還是很容易偵測到獵物。

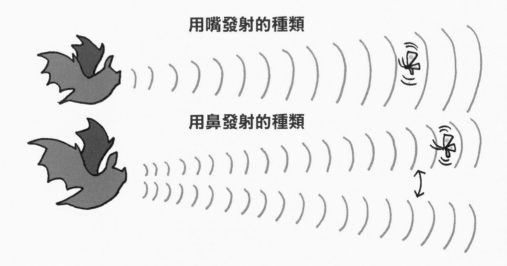

用嘴發射的種類

用鼻發射的種類

但是，你們不怕蝙蝠來報復嗎？

他們只要用超音波，很快就會找上你們。

不怕

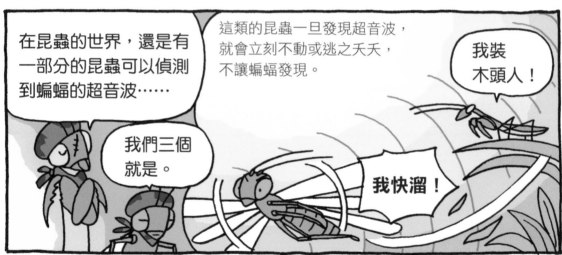

在昆蟲的世界，還是有一部分的昆蟲可以偵測到蝙蝠的超音波……

這類的昆蟲一旦發現超音波，就會立刻不動或逃之夭夭，不讓蝙蝠發現。

我裝木頭人！

我們三個就是。

我快溜！

所以我們才組成昆蟲反抗軍，主動出擊！解救同胞！

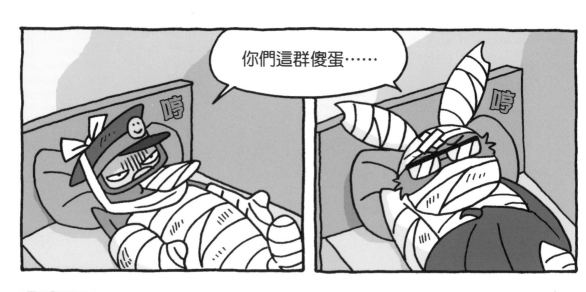

我的辦案心得筆記

報案人：達克比主動調查

報案原因：蝙蝠離奇撞牆，疑似中邪

調查結果：

1. 蝙蝠的鼻子、耳朵、皺紋被昆蟲反抗軍故意破壞，無法發射或接收超音波，所以回音定位失敗，才會集體撞牆。

2. 吃蟲蝙蝠利用超音波捕捉昆蟲。但是狐蝠以水果為主食，所以不需要發射超音波，鼻子、耳形都和吃蟲蝙蝠不一樣。

3. 空中如果起霧或溼氣太重，蝙蝠的超音波定位功能就會減弱。

4. 有些昆蟲能偵測蝙蝠的超音波，提前逃走。有些鷹類或貓頭鷹也聽得見蝙蝠的超音波，會被超音波吸引，抓蝙蝠來吃。

5. 報社記者胡亂報導，記大過一支。

誤會一場

調查心得：

　有些東西我看不見，不代表它不存在。
　有些聲音我聽不到，不代表它真無聲。

※ 章魚的身體非常柔軟，屬於「軟體動物」。

那就派人趕快追啊！

我們追了好幾天。可是……章魚的變色能力實在太強，

他只要隨便躲進一片礁岩裡，

我們就看不見他了……

所以，麻煩你跑一趟，來海裡幫我吧。

……

你自己看。

章魚躲在哪裡，很難分辨出來。

難怪老是抓不到。

不過沒關係，嘿嘿……

？

俺也不是省油的燈……

生命活動探測鏡！

找到啦！

原來躲在旁邊！

好大的膽子！看我的～

抓到了！

噗～

啊～

我什麼都看不見～

：可惡，讓牠趁黑逃走了！章魚竟然還有這招。

 ：他的墨汁好像帶有麻醉成分。我的嘴巴麻痺了，
閉不起來……

 ：事態嚴重，我看，不請「槍蝦」來幫忙是不行的了。

 ：槍蝦是誰？也是動物世界的警察嗎？

 ：不是，是我成為警察之前的好朋友。牠是海中的
「神槍手」，能製造聲波震昏獵物，一定可以幫我們
逮到那隻可惡的章魚！

 ：有這麼厲害的幫手，不早說。鰕虎魚！我們快去請他
來，別讓章魚逍遙法外！

 ：可是……

槍蝦小檔案

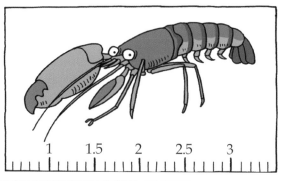

（單位：公分）

姓 名	槍蝦
別 名	鼓蝦、卡搭蝦
分 布	熱帶到溫帶的淺海地區，也有部分種類生活在淡水中。約有六百多種。
特 徵	個子嬌小，但是擁有一隻巨螯，長度幾乎是身體的一半。槍蝦用巨螯的特殊構造製造劇烈的「槍聲」，能把獵物震昏以後再拖進洞裡吃掉。牠們的槍聲是海底主要的噪音來源。
特殊才能	號稱海中神槍手。

槍蝦……，
我怕他不理我了。

他是你的好朋友，
為什麼會不理你？

：我和槍蝦曾經是互相幫忙的好夥伴。他雖有一手好槍法，但是視力不佳，不小心就會被大魚吃掉。我的眼力好、警覺高，所以我當他的守衛，他也讓我住在他家共同生活。只是後來，我為了成為警察而離開，留下他獨自一人，傷了他的心……

槍蝦與鰕虎魚的「互利共生」

　　槍蝦和鰕虎魚的共同生活，對彼此都有好處。

　　槍蝦喜歡在砂地上挖洞居住，可惜視力不好，出洞覓食的時候，很容易被天敵發現。

　　所以，夜晚時，槍蝦讓鰕虎魚住在牠的洞穴裡。白天出洞時，則用觸鬚觸碰著鰕虎魚的身體。只要一有敵人靠近，槍蝦感受到鰕虎魚快速游動，就會跟著躲回洞裡。

你收留我住在你挖的洞裡，真是謝謝你！

還好有你守護我，我才要謝謝呢！

我心裡覺得虧欠，一直不敢回去看他。

但是事關重大！我們應該立刻去找他！

不然，放任那隻章魚到處使壞，海底世界不得安寧。

不管！我們現在就去……

戴上這個，方便擦口水。

！

唉喲

砰！

總之，這個逃犯很難纏……

槍蝦之家

我們非常需要您的協助！

一臉呆樣。這傢伙哪來的啊？

……

不行，我又不認識你。

那我……

你總該認識吧。

我承認，當時的
我的確很難過。

但是，事情都過了這麼久，
我也有了新夥伴……

嗨

哇，好美！

所以，看到你真開心！
再抱一個！

歡

真危險！你不知道這麼做，槍蝦的大螯會啟動一連串的「氣穴現象」嗎？

氣穴現象

如果槍蝦的大螯是「手槍」，螯鉗就是「扳機」。當槍蝦的螯鉗以每秒 20 公尺的速度快速閉合時，會噴擠出一道時速 100 公里的高速水流。根據白努利定律，這道水流的速度會快到使水變成水蒸汽，在水中形成氣泡。這就是所謂的「氣穴」現象。

不過是形成泡泡而已，為什麼會有槍聲呢？

我知道了！是不是槍蝦的螯鉗快速閉合的響聲？

剛開始，大家都以為是這樣，但是……

？

其實，槍聲是氣泡破裂的聲音，就像「音爆」一樣。

這種音爆會造成強烈的震波，震昏 1.8 公尺內的魚蝦，甚至殺死牠們。

槍蝦的「音爆」捕食法

　　槍蝦的螯鉗裡有一種彈性構造，只要用力打開再鬆開，彈性構造就會使螯鉗快速的閉起來，同時擠出一道高速水流。

　　別小看這道水流，它會引發一連串反應，震昏遠處的小生物，酷極了！

砰！

瞄準獵物，張開螯鉗！

以每分鐘三萬轉的速度快速閉上螯鉗，擠出一道高速水流，預備產生「氣穴現象」。

嘻嘻

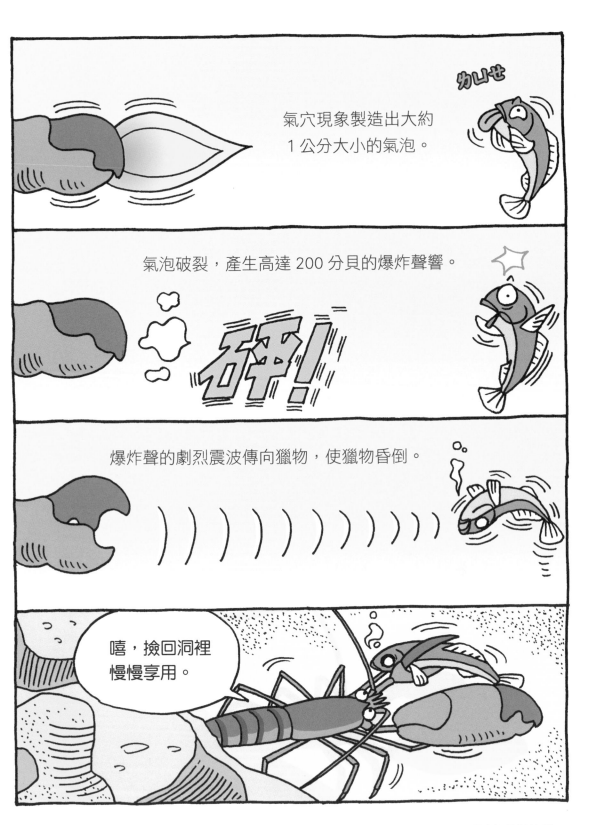

除了槍聲，還有光和熱

　　槍蝦製造的「氣泡」爆裂時，除了產生槍聲之外，還會發出數千度的高溫及閃光。只不過高溫的範圍非常小，發光的時間也只有幾千分之一秒，不但令人察覺不到，對於捕食獵物也沒有作用。

發光又發熱，酷！

可惜光和熱沒用處。只有槍聲的震波才能派上用場。

我的辦案心得筆記

報案人：海底派出所鰕虎魚警察

報案原因：請我幫忙抓回章魚逃犯

調查結果：

1. 槍蝦和鰕虎魚是「互利共生」的夥伴。
   槍蝦挖洞給不會挖洞的鰕虎魚住，鰕虎魚則
   幫助視力不佳的槍蝦注意是否有敵人靠近。

2. 槍蝦用「槍聲」來捕捉獵物。但是槍聲不是
   螯鉗互相敲擊造成的，而是「氣泡破裂」的
   結果。

3. 珊瑚礁的外圍住著成千上萬的槍蝦。
   到處都是「槍聲」，吵死人啦！

調查心得：　　　　　　　　　　　逮捕歸案

新朋友、舊朋友，都是好朋友；
萍水相逢、久別重逢，都要歡喜相逢。

海底魔音（上）
密室失蹤

最近，很多小魚去聽現場演唱，

卻離奇失蹤……

就是這裡。

吸魚機 音樂主題餐廳

看來，只有一個門，

和一個……

……可能是水管吧？

奇怪，照理講滿安全的，沒什麼異樣呀？

不過……

最安全的地方，
就是最危險的地方。

既然現場只有
一個出入口，

那我就封住門，
再進去調查。

這樣，犯人
就逃不掉了！
我真天才。

嘟

好多人，滿受歡迎的嘛……

謝謝各位！

接下來，我們要再唱一首……

入陣曲！

吸力是從舞台方向發出來的！

警察先生，你一定要抓出兇手。

嗯？

你在吃魚？吐出來！

鮭魚口味的棒棒糖啦……

你想吃吃看嗎？

嗯

……

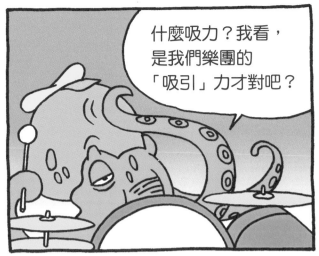

什麼吸力？我看，是我們樂團的「吸引」力才對吧？

太帥了。不好意思。

少說風涼話！

對嘛！

說不定就是你，作賊心虛！

什麼「賊」？
我是章魚，又不是烏賊。

咦？

觸手上吸盤真多，你有嫌疑……

瓶鼻海豚小檔案

（單位：公尺）

姓　名	瓶鼻海豚
分　布	廣泛居住在全世界的溫暖海域，尤其喜歡在海洋的表層活動。
特　徵	嘴喙粗短又厚實，形狀像瓶子，所以被稱為「瓶鼻」海豚（嘴喙常被誤認為是「鼻子」）。個性活潑、智商很高，喜歡成群生活，和同伴之間具有複雜的互動關係。屬於海洋哺乳動物。
犯罪嫌疑	用奇特的吸力，悄悄的把小魚觀眾吸入嘴裡吃掉。

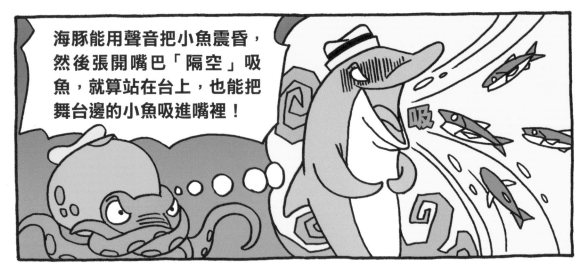

海豚能用聲音把小魚震昏，然後張開嘴巴「隔空」吸魚，就算站在台上，也能把舞台邊的小魚吸進嘴裡！

吸

章魚說的是真的嗎？

你是我們的偶像

會吃我們小魚嗎？

不能騙人喔

……

沒錯。是真的！

：我們海豚在夜晚的海洋或混濁的海水中潛游，常常看不清楚。所以，演化出「回音定位」的能力，用超音波來感知地形、障礙物，或是獵物的位置……

 ：「回音定位」我知道，和蝙蝠用超音波抓蟲的道理一樣（請見第 39 頁）。

 ：道理是一樣，但是我們比蝙蝠還厲害。我們發出的超音波，具有高頻率的震動，可以直接破壞魚兒的平衡器官，讓牠們昏迷不醒，或是浮在水中不能動……

 ：哇！簡直像武俠小說裡的「魔音穿腦」！

海豚的「魔音穿腦」功

人類用耳朵聽、用嘴巴說；但是海豚不一樣。
在海豚頭頂的呼吸孔下方，有一處稱為「鼻囊」的構造。海豚藉著擠壓鼻囊發出聲波；聲波再透過額頭的「額隆」發射出去。
而來自外界的聲音，則由下巴接收、傳送到內耳。

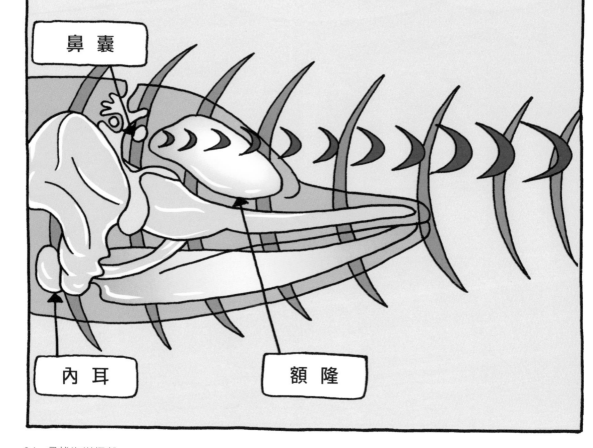

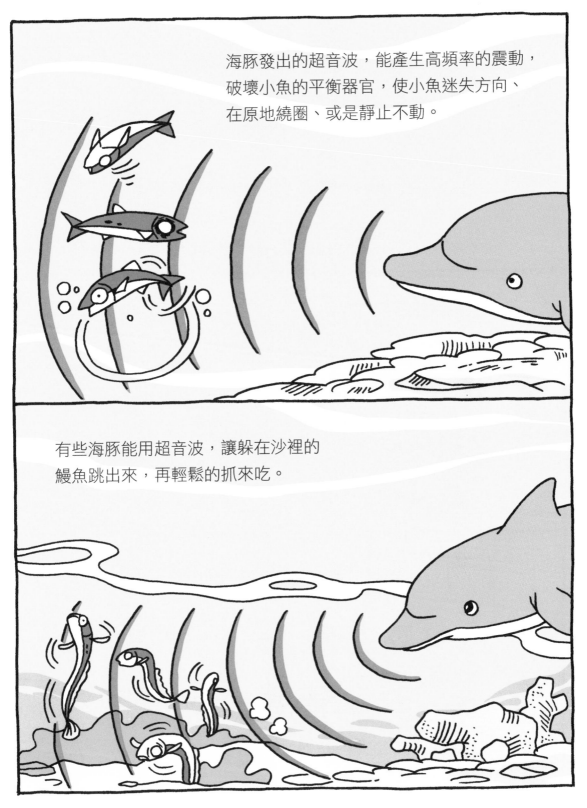

海豚發出的超音波，能產生高頻率的震動，
破壞小魚的平衡器官，使小魚迷失方向、
在原地繞圈、或是靜止不動。

有些海豚能用超音波，讓躲在沙裡的
鰻魚跳出來，再輕鬆的抓來吃。

超音波的威力

聲波其實是空氣或物體的振動。振動愈快,「頻率」就愈高,聲音也愈尖銳。人類的耳朵只能接收頻率在每秒振動 20 到 2 萬次之間的聲波,超過 2 萬次的聲波,人類就聽不到了,所以稱為「超音波」。海豚利用高頻率的超音波,可以快速的震動、破壞魚兒的平衡器官;而人類也把超音波用在許多技術上,包括用超音波震碎人體內的結石。

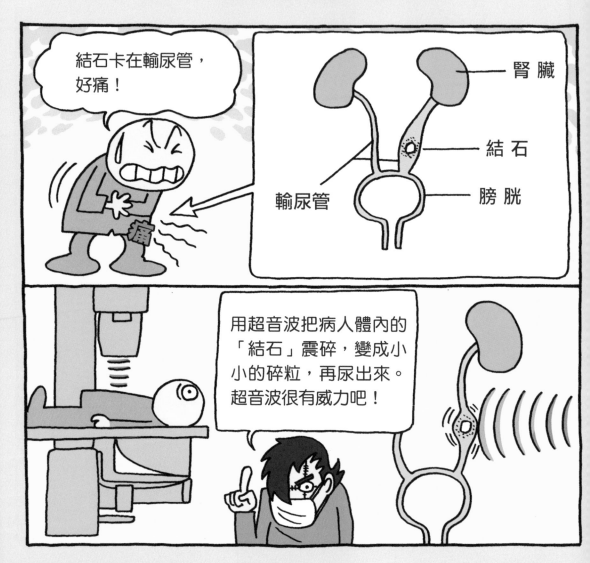

海豚的嘴巴突然張開的瞬間，嘴巴外面的水壓比嘴巴裡面高，所以會把水壓進海豚的嘴裡。此時的海豚嘴就像吸塵器一樣，可以輕鬆的把小魚吸進去。

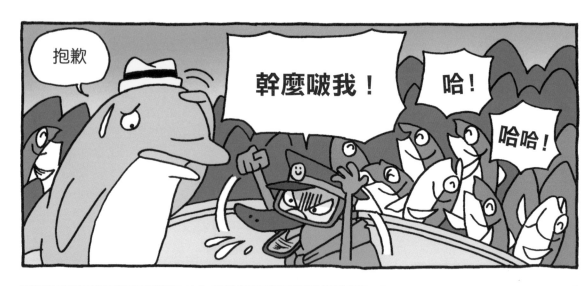

: 太卑鄙了！所以你唱歌時先用超音波震昏小魚，然後再趁大家都看不見的時候，把小魚吸走、吃掉，對不對？

: 保證沒有。粉絲愛我，我愛粉絲。我感謝他們都來不及了，怎麼可能吃掉他們？

海豚的多種叫聲

海豚有很多種叫聲，不同的聲音，有不同的功能。

卡嗒聲

聽起來像轉動齒輪的聲音。可能具有回聲定位的功能，通常用在找東西吃的時候。

呻吟聲

通常在休息或沒有特殊活動時發出，在短時間內重複。

經常在玩耍或大家一起活動的時候發出，是瓶鼻海豚最常發出的聲音。

哨 聲

爆裂聲

通常是配對的海豚中，雄性對雌性發出的聲音，可能有提醒母海豚不要跑太遠的意思。

可是，唯一的門被我封住了，沒人能離開。壞人一定還留在這裡才對。

這到底……

借過！

借過！

借過！

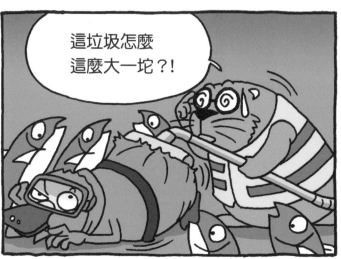

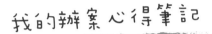

我的辦案心得筆記

報案人：沙丁魚

報案原因：許多小魚聽完演唱會後神祕失蹤

調查結果：

1. 超音波是人類耳朵聽不見的聲波。

2. 在黑暗或渾濁的海水中，海豚發出超音波，再接收反彈回來的超音波，來辨認地形、獵物的方向、距離或大小，稱為「回音定位」。

3. 海豚還能用高頻率的超音波破壞魚兒的平衡器官，讓小魚昏迷、無法正常游泳。

4. 看來，小魚是離開演唱會後才失蹤的。凶手到底是誰呢？繼續追查中。

調查心得：

霧裡看花花非花，必須想個好辦法。
冤枉好人需明辨，繼續追查到天涯。

請看下集

海底魔音（下）
大翅鯨的泡泡網

沒想到這裡竟然還有出口？

那是阿呆丟垃圾的暗門。熟客們都知道，偶爾也會從這裡離開。

難道……失蹤的小魚是離開這裡才消失的？

我去調查一下！

我也去！

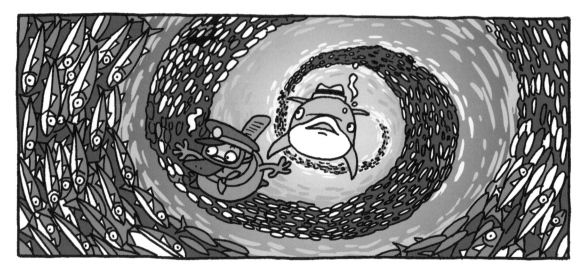

沒事！那些是大翅鯨。他們可能要去覓食吧。

一切和平，沒什麼異常的跡象啊。

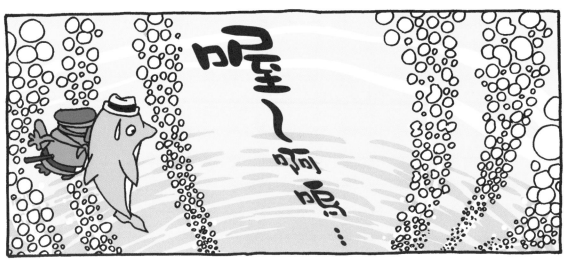

鯨魚？

在哪兒？
沒看到啊？

是大翅鯨！
我們落入他們的
「泡泡網」了！

那……那個
「喔啊～嗚」
是？

喔～
啊嗚～

是「開動」的叫聲！
代表大翅鯨要集體
張嘴，大吃特吃啦！

大翅鯨小檔案

鯨鬚

姓 名	大翅鯨
別 名	座頭鯨
分 布	全球各大洋。
特 徵	胸鰭比其他鯨魚長。嘴裡無牙，只有鯨鬚，利用鯨鬚在海水中「過濾」小魚、小蝦和浮游生物等食物（請看下一頁）。 大翅鯨擅長歌唱，會有固定而重覆的旋律與叫法；是鯨豚世界的「鯨魚歌手」。
犯罪嫌疑	利用泡泡網，捕食路過的小魚

鬚鯨的「濾食」技巧

大翅鯨不是「齒鯨」，而是「鬚鯨」的一種。因為牠們沒有
牙齒，而是用「鯨鬚」過濾海水中的微小生物來填飽肚子。

閉上嘴，把海水擠出。水流
出嘴巴，但是魚、蝦、浮游
生物被「鯨鬚」攔截，留在
嘴裡，成為鬚鯨的食物。

張嘴吸入海
水及魚、蝦、
浮游生物。

喉腹褶被
海水撐開

一口能容納好
幾噸的海水。

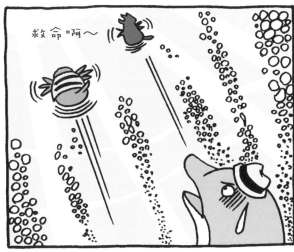

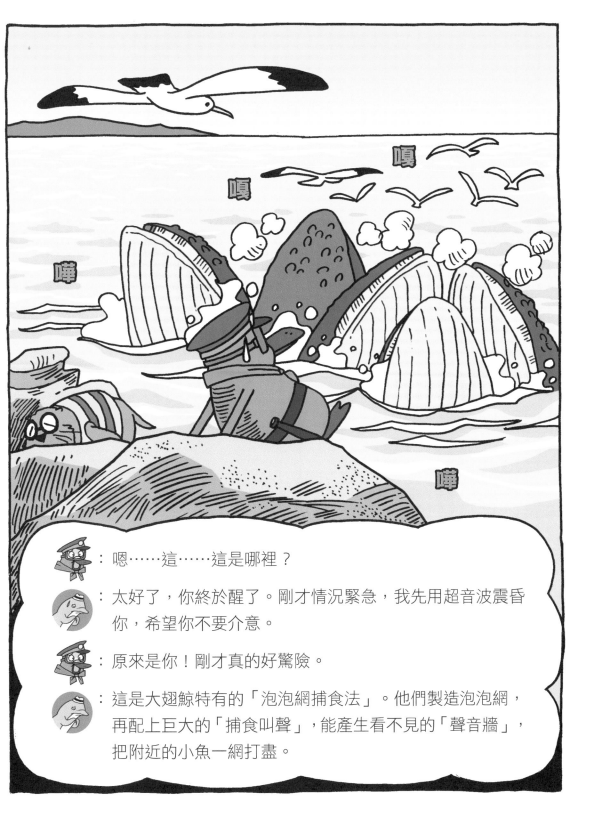

：嗯……這……這是哪裡？

：太好了，你終於醒了。剛才情況緊急，我先用超音波震昏你，希望你不要介意。

：原來是你！剛才真的好驚險。

：這是大翅鯨特有的「泡泡網捕食法」。他們製造泡泡網，再配上巨大的「捕食叫聲」，能產生看不見的「聲音牆」，把附近的小魚一網打盡。

把「泡泡網」
變「聲音牆」

其他有些海洋生物也用氣泡捕食。不過，大翅鯨分工合作製造泡泡網，最後再一起享用大餐的方式，是其中最令人嘆為觀止的例子。

趕魚

捕食剛開始的時候，幾隻大翅鯨負責繞著圈圈游泳，把小魚趕成一群。

製造泡泡

其中一隻游到魚群的上方盤旋，用頭頂的呼吸孔擠出泡泡。泡泡網的寬度有大有小，大的可以達到直徑 30 公尺。

發出捕食叫聲

負責的成員在泡泡網和魚群的下方發出叫聲。這種獨特的叫聲巨大而尖銳，就像發射火箭的噪音一樣，可以達到 180 分貝。

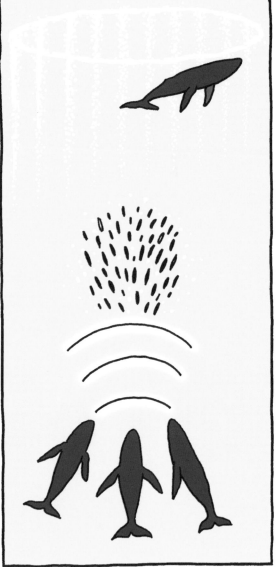

形成聲音牆

捕食叫聲的巨大噪音，嚇得魚群往上衝，自動游進泡泡網的陷阱裡。捕食叫聲還會在泡泡間劇烈振盪，形成一道隱形的「聲音牆」，讓小魚們不敢穿越泡泡逃出去。

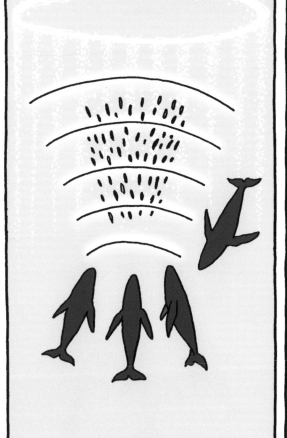

張嘴捕食

所有同伴聚集在魚群下方，一起張嘴衝向海面，吞掉所有被困在泡泡網裡的獵物。利用這種方式，大翅鯨一天可以吃掉半噸重的食物。

捕食叫聲甚至能和小魚魚鰾裡的空氣劇烈共振，讓小魚受傷。有的小魚就算沒被吞掉，也沒有力氣逃走。

魚鰾

真令人印象深刻。我也學學看……

ㄐㄧ 啊 嗚

咳咳咳！

咳！

你又不是鯨魚。學不來的啦！

：大翅鯨是鯨豚世界的歌唱高手。牠們擅長用簡單、重覆的歌曲，跟同伴溝通。在沒有海浪的日子裡，聲音大到可以傳到幾千公里遠的地方去。

：這未免也太吵了吧？要是違反「海洋居民噪音管制法」，我就去取締他們。

：這要怪大海，不能怪牠們。大海裡很暗，用眼睛看不清楚；要用嗅覺的話，海中的氣味也不像在陸地上的空氣中那麼容易傳送。所以他們不用叫聲，很難跟遠方的同伴溝通。

可是，為什麼要大家同時一起吃？

應該一隻一隻排隊吃，比較有秩序。

那是因為，泡泡會不斷的浮上海面破掉。如果一個吃完，再換下一位，泡泡網早就消失，魚兒也跑光了。

所以捕食叫聲的另一個功能，就是叫大家「一起動手吧！」

怎麼了？

唉。

沒關係！看我找更多的警察來，把大翅鯨全部抓起來！

這又不能怪他們！

你醒了？！

大海裡求生不易。就算是鯨魚那麼龐大的生物也一樣。

像我今天突然失業。不知道去哪兒才能找到新工作？

阿呆！留下來吧！

真的？！

我會說服鯊魚和章魚，他們只是一時生氣。

太好了！

叩！

又能做我最愛的打掃工作囉！

啵！

……

咦？又吸到什麼大垃圾？

我的辦案心得筆記

報案人：沙丁魚

報案原因：演唱會的小魚聽眾，在散場後神祕失蹤

調查結果：

1. 聽完演唱會後，許多小魚成為大翅鯨的食物。

2. 大翅鯨會團隊合作，利用「泡泡網」和「捕食叫聲」，形成「聲音牆」，把獵物們困在聲音牆裡。

3. 捕食叫聲能和小魚魚鰾內的空氣共振，使小魚受傷或無法逃走。

4. 阿呆回到餐廳繼續工作，終於換了一副新眼鏡。

調查心得：

查無此人

泡泡有時候是夢幻泡影，
泡泡有時候如雷霆萬鈞。
原來，泡泡可以只是泡泡；
但是，泡泡也可以不只是泡泡。

這一次的畢業旅行，山羊老師帶大家到兒童樂園玩。

可是，參觀鬼屋的時候……

啊～媽呀！

負鼠同學竟然離奇死亡！

達克比，緊急封鎖命案現場，並展開深入調查……

到底哪個鬼怪是真正的凶手？　請看下集分解

槍蝦的槍擊過程怎麼排才正確？

 1

 瞄準獵物，張開螯鉗

2

 碎！

3

爆炸聲的劇烈震波傳向獵物，使獵物昏倒

4

 氣穴現象製造出大約1公分大小的氣泡

5

  以每分鐘三萬轉的速度快速閉上螯鉗，擠出一道高速水流，預備產生「氣穴現象」

泡泡網捕食的過程怎麼排才正確？

❶ 張嘴捕食

所有同伴聚集在魚群下方，一起張嘴衝向海面，吞掉所有被困在泡泡網裡的獵物。利用這種方式，大翅鯨一天可以吃掉半噸重的食物。

❷ 形成聲音牆

捕食叫聲的巨大噪音，嚇的魚群往上衝，自動游進泡泡網的陷阱裡。捕食叫聲還會在泡泡間劇烈振盪，形成一道隱形的「聲音牆」，讓小魚們不敢穿越泡泡逃出去。

❸

閉上嘴，把海水擠出。水流出嘴巴，但是魚、蝦、浮游生物被「鯨鬚」攔截，留在嘴裡，成為鬚鯨的食物。

❹ 製造泡泡

其中一隻游到魚群的上方盤旋，用頭頂的呼吸孔擠出泡泡。泡泡網的寬度大有大小，大的可以達到直徑 30 公尺。

❺ 發出捕食叫聲

負責的成員在泡泡網和魚群的下方發出叫聲。這種獨特的叫聲巨大而尖銳，就像發射火箭的噪音一樣，可以達到 180 分貝。

❻ 趕魚

捕食剛開始的時候，幾隻大翅鯨負責繞著圈圈游泳，把小魚趕成一群。

解答篇

①

瞄準獵物，張開螯鉗

⑤

以每分鐘三萬轉的速度快速閉上螯鉗，擠出一道高速水流，預備產生「氣穴現象」

④

氣穴現象製造出大約1公分大小的氣泡

②

碎！

③

爆炸聲的劇烈震波傳向獵物，使獵物昏倒

---

⑥ 趕魚

捕食剛開始的時候，幾隻大翅鯨負責繞著圈圈游泳，把小魚趕成一群。

④ 製造泡泡

其中一隻游到魚群的上方盤旋，用頭頂的呼吸孔擠出泡泡。泡泡網的寬度有大有小，大的可以達到直徑30公尺。

⑤ 發出捕食叫聲

負責的成員在泡泡網和魚群的下方發出叫聲。這種獨特的叫聲巨大而尖銳，就像發射火箭的噪音一樣，可以達到180分貝。

② 形成聲音牆

捕食叫聲的巨大噪音，嚇的魚群往上衝，自動游進泡泡網的陷阱裡。捕食叫聲還會在泡泡間劇烈振盪，形成一道隱形的「聲音牆」，讓小魚們不敢穿越泡泡逃出去。

① 張嘴捕食

所有同伴聚集在魚群下方，一起張嘴衝向海面，吞掉所有被困在泡泡網裡的獵物。利用這種方式，大翅鯨一天可以吃掉半噸重的食物。

③

閉上嘴，把海水擠出。水流出嘴巴，但是魚、蝦、浮游生物被「鯨鬚」攔截，留在嘴裡，成為鬚鯨的食物。

跟我一起去辦案！

Go!

● 你答對幾題呢？來看看你的偵探功力等級。

答對一題 ☺ 不錯耶，可以去小木屋派出所實習。

答對兩題 ☺ 太棒了，你可以跟達克比一起去辦案嘍！

達克比辦案❹

尋找 海洋怪聲
用聲音幫助捕食的動物

作 者｜胡妙芬

繪 者｜彭永成

責任編輯｜蔡珮瑤
封面設計、美術編輯｜蕭雅慧
行銷企劃｜陳詩茵、劉盈萱

天下雜誌群創辦人｜殷允芃
董事長兼執行長｜何琦瑜
媒體暨產品事業群
總經理｜游玉雪
副總經理｜林彥傑
總編輯｜林欣靜
行銷總監｜林育菁
主編｜楊琇珊
版權主任｜何晨瑋、黃微真

出版者｜親子天下股份有限公司
地址｜台北市 104 建國北路一段 96 號 4 樓
電話｜（02）2509-2800　　傳真｜（02）2509-2462
網址｜www.parenting.com.tw
讀者服務專線｜（02）2662-0332　週一～週五：09:00~17:30
讀者服務傳真｜（02）2662-6048
客服信箱｜parenting@cw.com.tw
法律顧問｜台英國際商務法律事務所・羅明通律師
製版印刷｜中原造像股份有限公司
總經銷｜大和圖書有限公司　　電話｜（02）8990-2588

出版日期｜2016 年 1 月第一版第一次印行
　　　　　2024 年 7 月第一版第三十六次印行
定 價｜299 元
書 號｜BKKKC049P
ISBN｜978-986-92614-4-9（平裝）

訂購服務：
親子天下 Shopping｜shopping.parenting.com.tw
海外・大量訂購｜parenting@cw.com.tw
書香花園｜台北市建國北路二段 6 巷 11 號
　　　　　　電話（02）2506-1635
劃撥帳號｜50331356 親子天下股份有限公司

國家圖書館出版品預行編目（CIP）資料

達克比辦案 4, 尋找海洋怪聲：用聲音幫
助捕食的動物 / 胡妙芬文；彭永成圖. --
第一版. -- 臺北市：天下雜誌, 2016.01
　132 面 ;17 ＊ 23　公分
　ISBN 978-986-92614-4-9(平裝)

1. 生態教育　2. 漫畫
367　　　　　　　　　　105000307

立即購買＞